噼噼啪啪：电学

[加拿大] 克里斯·费里 著/绘   那彬 译

中国少年儿童新闻出版总社
中国少年儿童出版社
北京

作者简介 ....

　　克里斯·费里，加拿大人。80 后，毕业于加拿大名校滑铁卢大学，取得数学物理学博士学位，研究方向为量子物理专业。读书期间，克里斯就在滑铁卢大学纳米技术研究所工作，毕业后先后在美国新墨西哥大学、澳大利亚悉尼大学和悉尼科技大学任教。至今，克里斯已经发表多篇有影响力的权威学术论文，多次代表所在学校参加国际学术会议并发表演讲，是当前越来越受人关注的量子物理学领域冉冉升起的学术新星。

　　同时，克里斯还是 4 个孩子的父亲，也是一名非常成功的少儿科普作家。2015 年 12 月，一张 Facebook（脸书）上的照片将克里斯·费里推向全球公众的视野。照片上，Facebook（脸书）创始人马克·扎克伯格和妻子一起给刚出生没多久的女儿阅读克里斯·费里的一本物理绘本。这张照片在全球共收获了上百万的赞，几万条留言和几万次的分享。这让克里斯·费里的书以及他自己都受到了前所未有的关注。

　　扎克伯格给女儿阅读的物理书，只是作者克里斯·费里的试水之作。2018 年，克里斯·费里开始专门为中国小朋友进行物理科普。他与中国少年儿童新闻出版总社全面合作，为中国小朋友创作一套学习物理知识的绘本"红袋鼠物理千千问"系列。

红袋鼠说:"哎哟,好疼呀!克里斯博士,请您告诉我,为什么冬天我碰到金属的时候会被打一下,而夏天就不会呢?"

克里斯博士说："这是**电学**方面的内容。打到你的东西和给我们家里照明的是一种东西，它还能引起闪电！"

红袋鼠说:"原来是电呀!妈妈说,墙上的插座里有电,绝对不可以把东西插进插座里。"

克里斯博士说："安全第一！要小心电。我们来说电吧，一个**电子**是带一个**负电荷**的粒子。"

红袋鼠说："我知道！和电子相反的是**质子**，一个质子带一个**正电荷**。"

红袋鼠又说:"正的喜欢正的,不对,负的喜欢负的……不对,唉,我忘了!"

克里斯博士说:"记住这个诀窍:**相反相吸**。意思是说,电子和质子互相吸引。但电子会把别的电子推开,质子也会把别的质子推开。"

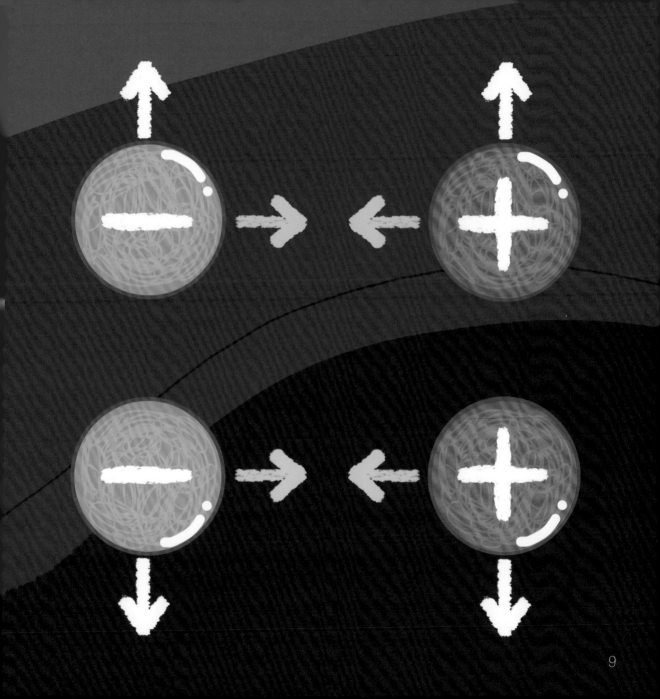

克里斯博士接着说："质子不喜欢动，但电子喜欢到处跑。当电子们像水龙头里流出的水那样源源不断地流动起来，电就产生了。电子是绕着**闭合线路**运动的，但如果这个闭合线路断开了，电子就不再流动了，电也就消失了。"

红袋鼠说："所以一个插座上有两个孔。这是断开的线路，当我们把插头插进去的时候，这个线路就接通了，电就流动起来啦！"

克里斯博士说："有时候，太多的电子会跟着你，会在你身上聚集！"

红袋鼠问："呃，克里斯博士，这样不好吗？"

克里斯博士说："今天天气很湿润，所以没关系。湿润的空气中含有较多的水分。自然界中的水喜欢帮助电子运动，它被称作导体。大多数的金属都是**导体**。如果你切开一根电线，就会发现里面有细细的金属线，电子可以通过金属线流动。"

红袋鼠说："看！潮湿的空气把电子带走了，哎呀！"

H

H

O

红袋鼠问："如果没有金属也没有水，会发生什么呢？"

克里斯博士回答："很好的问题！如果这样的话，电子就会留下来。不让电子流动的东西叫作**绝缘体**。好的绝缘体有木头、塑料和橡胶等。所以电线需要在金属线外面包一层塑料的外衣。"

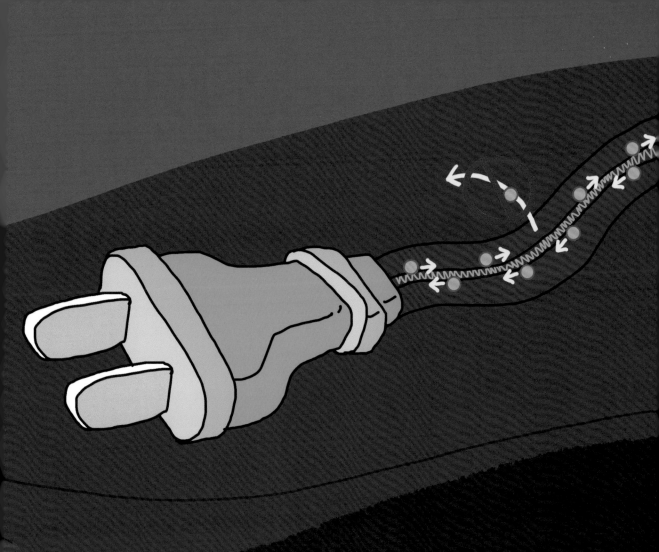

红袋鼠说："这样我就不会被电到了。"

红袋鼠接着说："这么说世界上的东西可以分成导体或绝缘体两类喽，有意思。"

克里斯博士说："等一等，没有那么简单。绝缘体就像是装着水的杯子，而电子就像是水。"

19

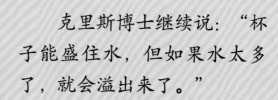

克里斯博士继续说："杯子能盛住水，但如果水太多了，就会溢出来了。"

红袋鼠问："那电子太多会发生什么呢，克里斯博士？"

克里斯博士说："如果你在一个绝缘体上加入足够多的电子，噼啪！电子立刻就穿过绝缘体了。"

Dr.F

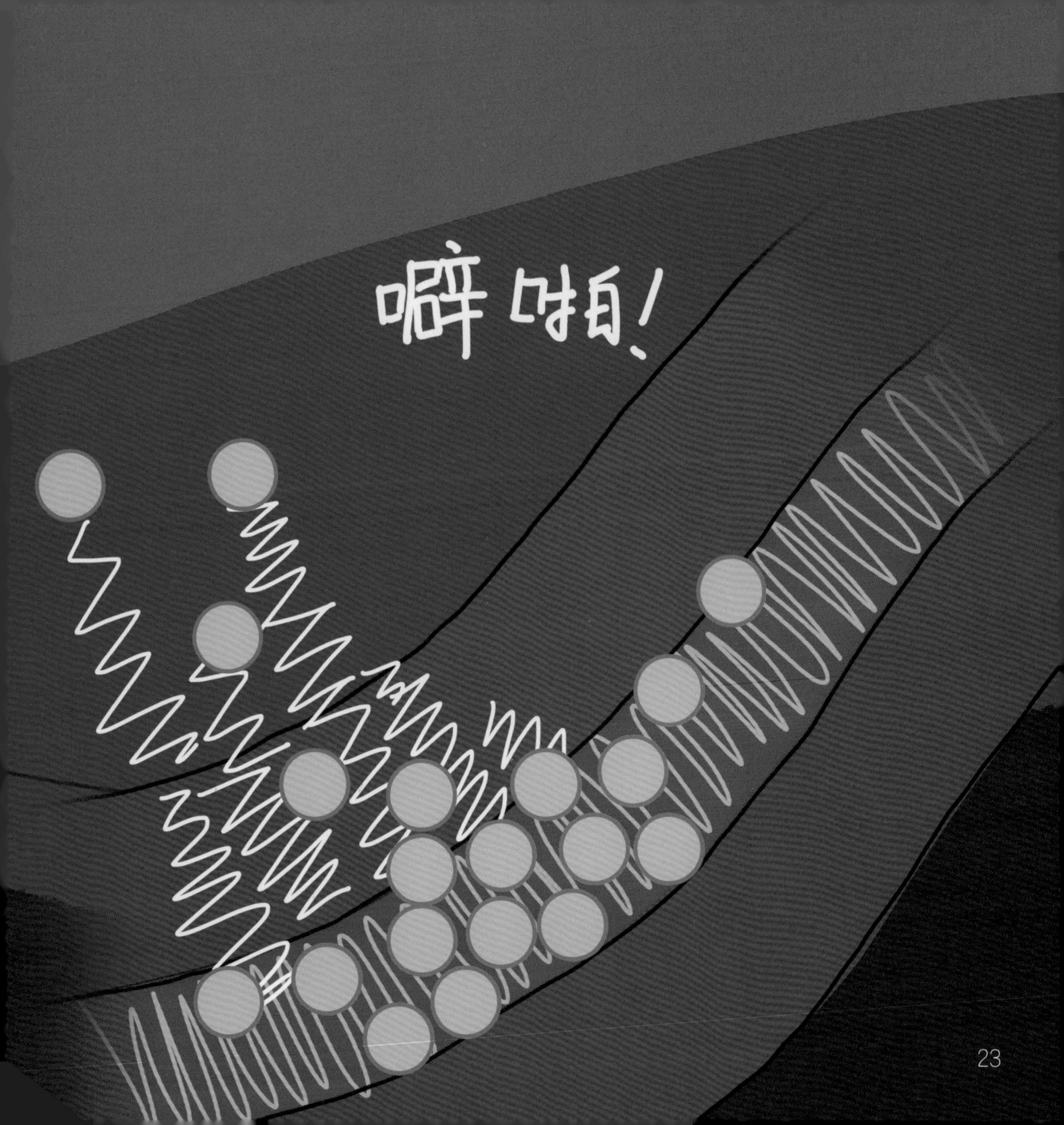
噼啪!

克里斯博士接着说：
"冬天的空气比较干燥，
电子就在我们身上积累
起来了。"

红袋鼠说："然后就……噼啪？"

克里斯博士叫道："哎哟！"

27

红袋鼠说："博士小心！要不要我教教你电学呀？"

版权合作方： 澳大利亚米酷传媒

图书在版编目（CIP）数据

噼噼啪啪：电学／（加）克里斯·费里著绘；那彬译. — 北京：中国少年儿童出版社，2018.6（2020.7 重印）
（红袋鼠物理千千问）
ISBN 978-7-5148-4699-7

Ⅰ．①噼… Ⅱ．①克… ②那… Ⅲ．①电学—儿童读物 Ⅳ．①O441.1-49

中国版本图书馆CIP数据核字(2018)第080805号

审读专家：高淑梅 江南大学理学院教授、中心实验室主任

PIPIPAPA DIANXUE
（红袋鼠物理千千问）

出版发行 中国少年儿童新闻出版总社
中国火车兜童出版社

出 版 人：孙 柱
执行出版人：张晓楠

策　　划：张 楠　　　　　　　　审　　读：林 栋 聂 冰
责任编辑：薛晓哲　徐懿如　　　　封面设计：马 欣
美术编辑：马 欣　　　　　　　　美术助理：杨 璇
责任印务：李 洋　　　　　　　　责任校对：颜 轩

社　　址：北京市朝阳区建国门外大街丙12号　　邮政编码：100022
编 辑 部：010-59512019　　　　　　总 编 室：010-57526070
客 服 部：010-57526258　　　　　　官方网址：www.ccppg.cn

印　　刷：北京尚唐印刷包装有限公司

开本：787mm×1092mm　1/20　　　　　　印张：2
版次：2018年6月第1版　　　　　印次：2020年7月北京第4次印刷
字数：25千字　　　　　　　　　印数：20001-25000册

ISBN 978-7-5148-4699-7　　　　　　　　定价：25.00元

图书出版质量投诉电话010-57526069，电子邮箱：cbzlts@ccppg.com.cn